100 SPECIES OF
ECOLOGICAL ENVIRONMENT
QUALITY INDICATOR BIRDS
IN HUAI'AN

淮安市
生态环境质量指示
鸟类100种

王成伟　张　咏　侍　昊◎主编
王经顺　孙孝平　杨子毅　李　宁◎副主编

河海大学出版社
HOHAI UNIVERSITY PRESS
·南京·

图书在版编目(CIP)数据

淮安市生态环境质量指示鸟类100种 / 王成伟，张咏，侍昊主编；王经顺等副主编. -- 南京：河海大学出版社，2023.12

ISBN 978-7-5630-8848-5

Ⅰ. ①淮… Ⅱ. ①王…②张…③侍…④王… Ⅲ. ①鸟类—生物多样性—观测—淮安 Ⅳ. ①Q959.7

中国国家版本馆 CIP 数据核字(2023)第257051号

书　　名　淮安市生态环境质量指示鸟类100种
　　　　　HUAIANSHI SHENGTAI HUANJING ZHILIANG ZHISHI NIAOLEI 100 ZHONG
书　　号　ISBN 978-7-5630-8848-5
责任编辑　杜文渊
特约校对　李　浪　杜彩平
装帧设计　徐娟娟
出版发行　河海大学出版社
地　　址　南京市西康路1号(邮编:210098)
电　　话　(025)83737852(总编室)　(025)83787763(编辑室)
　　　　　(025)83722833(营销部)
经　　销　江苏省新华发行集团有限公司
排　　版　南京月叶图文制作有限公司
印　　刷　广东虎彩云印刷有限公司
开　　本　880毫米×1230毫米　1/32
印　　张　4.5
字　　数　200千字
版　　次　2023年12月第1版
印　　次　2023年12月第1次印刷
定　　价　69.00元

编委会

主　编： 王成伟　张　咏　侍　昊

副主编： 王经顺　孙孝平　杨子毅　李　宁

编委及摄影：（以姓氏笔画为序）

马士胜　马洪石　王　芹　司皖甦　孙一鸣
纪轩禹　吕学研　刘　彬　任诗超　陈　陈
杜建新　汪俊琦　张　悦　陈泰宇　余梦佳
李婧慧　杨广利　周卫华　范　明　杨饰华
林树生　周盛兵　杨雅楠　杨瑞平　胡　帆
胡芳芳　赵　亮　俞星翰　俞蕴馨　郭　蓉
葛宝明　蔡　琨

出版支持： 江苏省淮安环境监测中心
江苏省环境监测中心
淮安市生态环境局
江苏省生态环境监测监控有限公司
盐城师范学院
南京晓庄学院

前 言

淮安市地处江苏省北部中心地域，淮河下游，位于中国地理分界线“秦岭—淮河”线上，属于北亚热带和南暖温带之间的过渡气候，温、光、水、土等自然资源较为丰富，是江苏美丽中轴的“绿心地带”。境内以平原为主，地形西高东低，湖泊和丘陵岗地分别占总面积的11.39％和18.32％。优良的生态条件和独特的自然禀赋吸引着众多鸟类来这里繁衍栖息。

鸟类对生态环境变化较为敏感，且容易被观察研究，常作为衡量一个地区生态环境质量是否优良的指示者。诺贝尔奖得主彼得·杜赫提更将鸟类视作会飞翔的“人类远亲”，是人类以及其他共存于地球的复杂生物群落的哨兵，监测着生态环境健康状况。近年来，淮安市境内国家一级保护鸟类青头潜鸭频频“组团”提前到访，东方白鹳在洪泽湖边湿地筑巢繁衍，小天鹅在天泉湖边落户安家，震旦鸦雀、黄胸鹀、棉凫、斑头秋沙鸭、鸳鸯和画眉等鸟类种群分布范围不断扩大。这些对生态环境变化敏感的指示鸟类到来，是生态环境质量持续改善提升的一个缩影。

为进一步做好生态环境质量指示鸟类监测研究，在江苏南水北调东线湖网地区山水林田湖草沙一体化保护和修复工程、国家生态质量样地监测和生物多样性本底调查工作支持下，我们联合省内高校、社会观鸟组织参照《国家重点保护野生动物名录》和《江苏省生态环境质量指示物种清单（第一批）》等，对淮安市重点鸟类进行生态环境质量指示评价筛选并汇编成册。本书描述了淮安市具有代表性的100种生态环境质量指示鸟类的保护等级、形态特征、生境特点和热点区域等，希望帮助更好地了解区域生态环境质量指示鸟类，参与生物多样性监测和保护工作。

限于水平，书中难免有错误与不当之处，敬请专家读者批评指正。

《淮安市生态环境质量指示鸟类100种》编制组

2023年12月

使用说明

科名

鸭科

青头潜鸭（qīng tóu qián yā）*Aythya baeri* —— 中文名、拼音、拉丁文名

辨识特征、雌雄成幼等

保护级别 IUCN CR（极危）/国家Ⅰ级保护/省级保护 —— 鸟种保护等级，其中IUCN表示世界自然保护联盟

形态特征 雌雄二型。体长41～47 cm。雄鸟头颈墨绿色且具金属光泽，喙灰色，胸部栗褐色，腹部白色，两肋白色和栗褐色相间。雌鸟头颈黑褐色，喙基处偏棕褐色，其余和雄鸟相似。 —— 鸟种的外形特征、成幼差异、雌雄区别、繁殖和非繁殖期变化等

生境特点 栖息于开阔、流速缓慢且水生植物较丰富的湖泊、池塘、河流等水域，常与白眼潜鸭混群。 —— 鸟种常出现和活动的生境要求和主要类型

环境指示 ★★★★★ —— 鸟种对生态环境质量的指示作用，星级越高表示生态环境质量变化越敏感

热点区域 白马湖国家湿地公园、洪泽湖东部湿地省级自然保护区等。 —— 鸟种较高概率出现的地点

观察记录 —— 使用者用于记录鸟种出现的时间、地点、生态环境质量等信息

页码 —— 16 淮安市生态环境质量指示鸟类100种

分类系统

本书采用郑光美院士的《中国鸟类分类与分布名录(第四版)》。

术语名词

雏鸟：出生后至第一次换羽前的鸟。
幼鸟：雏鸟换羽后无繁殖力的鸟。
成鸟：性成熟，具备繁殖力的鸟。
留鸟：不作长距离迁徙的鸟类。
旅鸟：春秋季迁徙的鸟类。
夏候鸟：春季到来繁殖育雏后秋季离开的鸟类。
冬候鸟：秋季到来越冬后春季离开的鸟类。

繁殖期：成鸟求偶、交配、育雏的时间段。
非繁殖期：除繁殖期外的其他时间段。
繁殖羽：成鸟在繁殖期的羽色。
非繁殖羽：成鸟在非繁殖期的羽色。
迷鸟：因各种原因迷路出现在本地的鸟类。
亚种：同一种鸟类，受外在因素影响，外形、颜色等出现变化和差异，称为该种的亚种。

目录

鸽形目

鹃形目

鸮形目

雁形目

鸭科

鸿雁（hóng yàn）*Anser cygnoid*

保护级别 IUCN VU（易危）/国家Ⅱ级保护/省级保护

形态特征 雌雄相似。体长 80～94 cm。整体以灰褐色为主，颈前部白色而后部深褐色，有明显界限，背部黑褐色且有白色横纹，胸腹部偏淡红褐色，喙为黑色，喙基有白色细纹，脚橘红色。

生境特点 栖息于开阔的湖泊、沼泽和农田，多在滩涂和草地上觅食。

环境指示 ★★★★

热点区域 白马湖国家湿地公园、洪泽湖东部湿地省级自然保护区等。

观察记录

白额雁（bái é yàn）*Anser albifrons*

保护级别　IUCN　LC（无危）/国家Ⅱ级保护/省级保护

形态特征　雌雄相似。体长 70～85 cm。整体灰褐色，喙粉红色，脚橙黄色，额白色，腹部有黑色横斑，两肋有黑褐色斑纹。

生境特点　栖息于多水生植物的开阔水域或农田。

环境指示　★★★★

热点区域　白马湖国家湿地公园等。

观察记录

小天鹅（xiǎo tiān é）*Cygnus columbianus*

保护级别　IUCN　LC（无危）/国家Ⅱ级保护/省级保护

形态特征　雌雄相似。体长 120～150 cm。成鸟全身雪白色，颈细长，下喙黑色，上喙基部黄色斑块不超过鼻孔，脚黑色，幼鸟全身沾污灰色或锈黄色，上喙基部粉色，尖端黑色。

生境特点　栖息于开阔的湖泊、水库和沼泽，喜多水生植物水域。

环境指示　★★★★

热点区域　白马湖国家湿地公园、二河沿线、淮河入江水道沿线等。

观察记录

大天鹅（dà tiān é）*Cygnus cygnus*

保护级别　IUCN　LC（无危）/国家Ⅱ级保护/省级保护

形态特征　雌雄相似。体长 140～165 cm。成鸟全身雪白色，下喙黑色，上喙基部黄色斑块超过鼻孔，且黄斑向喙端延伸呈明显的锐角，脚黑色，幼鸟全身沾污灰色，上喙基部粉色，尖端黑色。

生境特点　栖息于开阔的湖泊、水库和沼泽，喜多水生植物水域。

环境指示　★★★★

热点区域　淮河入江水道沿线等。

观察记录

赤麻鸭（chì má yā）*Tadorna ferruginea*

保护级别　IUCN　LC（无危）

形态特征　雌雄二型。体长 58～70 cm。雄鸟全身栗黄色，头部颜色偏浅，颈部具有细窄的黑色领圈，喙黑色，翅尖和尾黑色，雌鸟和雄鸟相似，但颜色稍淡，头顶白色明显，颈部无黑环。

生境特点　栖息于开阔水域、河流和沼泽，常单独或集小群活动。

环境指示　★★★

热点区域　白马湖国家湿地公园、洪泽湖东部湿地省级自然保护区、古淮河国家湿地公园等。

观察记录

鸳鸯（yuān yāng）*Aix galericulata*

保护级别　IUCN　LC（无危）/国家Ⅱ级保护/省级保护

形态特征　雌雄二型。体长 41～51 cm。雄鸟色彩艳丽，具宽厚白色眉纹，头顶铜绿色而颈部金色丝状羽，背部有一直立的棕黄色“帆状饰羽”，胸部深紫色，两胁淡棕色，腹部白色，雌鸟颜色暗淡，以灰褐色为主，有白色眼圈和细长的眼后纹，胸部及两胁有密集的白色斑纹，腹部白色。

生境特点　栖息于多植被且幽静的湖泊、水塘和河流。

环境指示　★★★★

热点区域　盱眙县天泉湖、白马湖国家湿地公园等。

观察记录

棉凫（mián fú）*Nettapus coromandelianus*

保护级别　IUCN　LC（无危）/国家Ⅱ级保护/省级保护

形态特征　雌雄二型。体长 31～38 cm。雄鸟额至头顶黑色，喙黑色，颊至颈白色，颈基部有墨绿色颈环，上体大部分为暗绿色，两胁灰色，有深色细纹，雌鸟似雄鸟，但整体偏褐色，颈部偏白，两胁皮黄色，黑色贯眼纹明显，喙黄褐色。

生境特点　栖息于浮水、挺水植物丰富的池塘、湖泊和河流，常成对或集小群活动。

环境指示　★★★★

热点区域　白马湖国家湿地公园等。

观察记录

花脸鸭（huā liǎn yā）*Sibirionetta formosa*

保护级别　IUCN　LC（无危）/国家Ⅱ级保护/省级保护

形态特征　雌雄二型。体长 39～43 cm。雄鸟头顶和喉部黑色，脸部有明显的绿色新月形斑纹和两块黄色长椭圆形斑纹，胸部棕色，有细密的深色斑纹，两胁蓝灰色，喙黑色，脚灰色。雌鸟整体褐色，脸部颜色偏浅，喙基有白色圆斑，眼后有深褐色细纹。

生境特点　栖息于水生植物茂盛的湖泊、河流和水塘，常与其他鸭类混群，有时集数千至上万的大群。

环境指示　★★★★

热点区域　洪泽湖东部湿地省级自然保护区、淮河入江水道沿线等。

观察记录

白眉鸭（bái méi yā）*Spatula querquedula*

保护级别　IUCN　LC（无危）

形态特征　雌雄二型。体长 37～41 cm。雄鸟头和颈部淡栗色，具白细纹，眉纹白色，宽而长，一直延伸到头后，极为醒目，上体棕褐色，翼镜绿色，雌鸟上体黑褐色，下体白而带棕色，眉纹白色，但不及雄鸟显著，喙黑色，脚蓝灰色。

生境特点　栖息于水生植物茂密的湖泊、水塘和河流。

环境指示　★★★

热点区域　淮河入江水道沿线等。

观察记录

琵嘴鸭（pí zuǐ yā）*Spatula clypeata*

保护级别　IUCN　LC（无危）

形态特征　雌雄二型。体长 44～52 cm。喙长而宽且末端呈铲形，雄鸟头为深绿色且有金属光泽，胸白色，背黑褐色，腹部及两胁为栗色，雌鸟整体灰褐色，有深色鱼鳞状斑纹。

生境特点　栖息于浅水且植被丰富的开阔湖泊、池塘，常与其他鸭类混群，多在浅水沼泽地觅食。

环境指示　★★★

热点区域　白马湖国家湿地公园、洪泽湖东部湿地省级自然保护区、楚州区施河镇、淮河入江水道沿线等。

观察记录

赤膀鸭（chì bǎng yā）*Mareca strepera*

保护级别　IUCN　LC（无危）

形态特征　雌雄二型。体长 46～57 cm。雄鸟全身灰色，胸部及两胁有细密的白色云状斑纹，尾羽黑色，喙黑色，脚橘黄色，飞行时可见翼镜白色而覆羽栗色，雌鸟整体褐色，喙橙黄色，上喙中间黑色，两胁有鳞状斑纹，停歇时可见白色翼镜。

生境特点　栖息于水生植物茂盛的河流、湖泊、水塘，常与其他野鸭混群，生性胆小而机警。

环境指示　★★★

热点区域　白马湖国家湿地公园、洪泽湖东部湿地省级自然保护区、盱眙县天泉湖等。

观察记录

罗纹鸭（luó wén yā）*Mareca falcata*

保护级别　IUCN　NT（近危）

形态特征　雌雄二型。体长 46～54 cm。雄鸟头顶栗色，脸和颈部为铜绿色且有金属光泽，喉部白色，有黑色颈环，胸及两胁密布黑白相间波纹，背后部有长而弯的黑白色羽毛，尾下覆羽两侧具显眼黄斑，雌鸟以棕褐色和灰色为主，两胁有深色鱼鳞状斑纹。

生境特点　栖息于开阔的湖泊、水库、江河，喜水生植物丰富的环境，生性警觉而胆小。

环境指示　★★★

热点区域　白马湖国家湿地公园、洪泽湖东部湿地省级自然保护区等。

观察记录

鸭科

针尾鸭（zhēn wěi yā）*Anas acuta*

保护级别　IUCN　LC（无危）

形态特征　雌雄二型。体长 50～65 cm。雄鸟背部杂以淡褐色与白色相间的波状横斑，头暗褐色，颈侧有白色纵带与下体白色相连，翼镜铜绿色，中央尾羽细长如针，雌鸟体型较小，以灰褐色为主，上体大都黑褐色，杂以黄白色斑纹，无翼镜，尾较雄鸟短，喙黑色，脚灰色。

生境特点　栖息于湖泊、水塘和沼泽，常与其他鸭类混群，多在浅水处觅食。

环境指示　★★★

热点区域　白马湖国家湿地公园、洪泽湖东部湿地省级自然保护区、盱眙县天泉湖等。

观察记录

绿翅鸭（lǜ chì yā）*Anas crecca*

保护级别 IUCN LC（无危）

形态特征 雌雄二型。体长 31～39 cm。雄鸟头部至颈部深栗色，头顶两侧从眼开始有一条开阔的绿色带斑一直延伸至颈侧，尾下覆羽黑色，两侧各有一黄色三角形斑，在水中游泳时，极为醒目，雌鸟上体暗褐色，下体白色或棕白色，杂以褐色斑点，喙黑色，脚灰色。

生境特点 栖息于四周植被茂密的小型湖泊、河流和水塘。

环境指示 ★★★

热点区域 白马湖国家湿地公园、洪泽湖东部湿地省级自然保护区等。

观察记录

红头潜鸭（hóng tóu qián yā）*Aythya ferina*

保护级别　IUCN　VU（易危）

形态特征　雌雄二型。体长 40～56 cm。雄鸟头部和颈部为栗红色，胸部和臀部黑色，两胁及背部灰白色，雌体背部浅灰色，其余以棕褐色为主，脸部有浅色斑纹，喙灰色，喙尖黑色，脚深灰色。

生境特点　栖息于开阔且水生植物较丰富的湖泊、水塘。

环境指示　★★★

热点区域　白马湖国家湿地公园、洪泽湖东部湿地省级自然保护区、淮河入江水道沿线等。

观察记录

青头潜鸭（qīng tóu qián yā）*Aythya baeri*

保护级别　IUCN　CR（极危）/国家Ⅰ级保护/省级保护

形态特征　雌雄二型。体长 41～47 cm。雄鸟头颈墨绿色且具金属光泽，喙灰色，胸部栗褐色，腹部白色，两胁白色和栗褐色相间，雌鸟头颈黑褐色，喙基处偏棕褐色，其余和雄鸟相似。

生境特点　栖息于开阔、流速缓慢且水生植物较丰富的湖泊、池塘、河流，常与白眼潜鸭混群。

环境指示　★★★★★

热点区域　白马湖国家湿地公园、洪泽湖东部湿地省级自然保护区等。

观察记录

白眼潜鸭（bái yǎn qián yā）*Aythya nyroca*

保护级别　IUCN　NT（近危）

形态特征　雌雄二型。体长 38～42 cm。雄鸟头部、颈部和胸部为暗栗色，颈基部有一不明显的黑褐色领环，眼白色，上体暗褐色，上腹和尾下覆羽白色，翼镜和翼下覆羽亦为白色，虹膜白色，雌鸟与雄鸟基本相似，但色暗，虹膜褐色。

生境特点　栖息于开阔、流速缓慢且水生植物较丰富的湖泊、池塘、河流，常与其他潜鸭混群。

环境指示　★★★

热点区域　白马湖国家湿地公园、洪泽湖东部湿地省级自然保护区、淮河入江水道沿线等。

观察记录

凤头潜鸭（fèng tóu qián yā）*Aythya fuligula*

保护级别　IUCN　LC（无危）

形态特征　雌雄二型。体长 40～47 cm。雄鸟头颈紫黑色且具金属光泽，头部具冠羽，两胁及腹部白色，背和尾黑色，喙铅灰色、末端黑色，雌鸟整体黑褐色，两胁杂有白色，部分个体喙基后方有白斑块。

生境特点　栖息于开阔、流速缓慢且水生植物较丰富的湖泊、池塘、河流，常与其他潜鸭混群。

环境指示　★★★

热点区域　白马湖国家湿地公园、洪泽湖东部湿地省级自然保护区等。

观察记录

斑头秋沙鸭（白秋沙鸭）（bān tóu qiū shā yā）*Mergellus albellus*

保护级别　IUCN　LC（无危）/国家Ⅱ级保护/省级保护

形态特征　雌雄二型。体长 35～44 cm。雄鸟整体黑白两色，具黑色眼罩，有冠羽，背黑色，初级飞羽及胸侧具黑色条纹，雌鸟头顶至后颈栗色，喉至前颈白色，躯干整体灰褐色。

生境特点　栖息于开阔且有水生植物遮挡的湖泊、池塘和河流。

环境指示　★★★★

热点区域　洪泽湖东部湿地省级自然保护区、淮河入江水道沿线等。

观察记录

鸊鷉目

凤头䴙䴘（fèng tóu pì tī）*Podiceps cristatus*

保护级别　IUCN　LC（无危）

形态特征　雌雄相似。体长 46～61 cm。非繁殖羽头顶具两撮黑色羽冠，上体黑褐色，脸、前颈、胸腹为白色，颈长，喙粉红色，繁殖羽颈侧具红棕色鬃毛状饰羽。

生境特点　栖息于开阔的湖泊、水塘、鱼塘和人工湖。

环境指示　★★★

热点区域　白马湖国家湿地公园、洪泽湖东部湿地省级自然保护区、古淮河国家湿地公园、淮安森林公园、盱眙县天泉湖、二河沿线、黄河故道沿线、入海水道沿线、淮河入江水道沿线等。

观察记录

鹳形目

东方白鹳（dōng fāng bái guàn）*Ciconia boyciana*

保护级别　IUCN　EN（濒危）/国家Ⅰ级保护/省级保护

形态特征　雌雄相似。体长 110～128 cm。喙黑色，粗直而长，脚红色，眼圈有红色裸皮，除飞羽黑色以外，体羽白色，飞行时黑色翼缘非常明显。

生境特点　栖息于开阔的湖泊、沼泽、池塘。

环境指示　★★★★★

热点区域　白马湖国家湿地公园、洪泽湖东部湿地省级自然保护区、二河沿线、黄河故道沿线、入海水道沿线、淮河入江水道沿线等。

观察记录

白琵鹭（bái pí lù）*Platalea leucorodia*

保护级别　IUCN　LC（无危）/国家Ⅱ级保护/省级保护

形态特征　雌雄相似。体长 80～95 cm。喙长而宽扁，呈琵琶状，繁殖期脑后有淡黄色饰羽，胸部及下颈部沾黄色，喉部裸皮橘黄色，非繁殖期全身白色，无饰羽。

生境特点　栖息于水塘、湖泊。

环境指示　★★★★

热点区域　白马湖国家湿地公园、洪泽湖东部湿地省级自然保护区等。

观察记录

鹈形目

黄嘴白鹭（huáng zuǐ bái lù）*Egretta eulophotes*

保护级别　IUCN　VU（易危）/国家Ⅰ级保护/省级保护

形态特征　雌雄相似。体长 65～68 cm。非繁殖羽上喙黑褐色，下喙黄、端部黑褐色，脚黄绿色，繁殖羽喙橙黄色，脚黑、趾黄，眼先蓝色，枕部、前颈下部和背部具蓑羽。

生境特点　栖息于水田、沼泽。

环境指示　★★★★★

热点区域　白马湖国家湿地公园等。

观察记录

牛背鹭（niú bèi lù）*Bubulcus ibis*

保护级别　IUCN　NT（近危）

形态特征　雌雄相似。体长 46～56 cm。繁殖期体白，头、颈、胸部偏橙色，虹膜、喙、跗跖和眼先短期内呈亮红色，随后变为黄色，非繁殖期全身雪白，眼先及喙黄色，繁殖期头、颈、胸及后背具橙黄色羽毛。

生境特点　栖息于农田、草地及水滨湿地。

环境指示　★★★

热点区域　白马湖国家湿地公园、洪泽湖东部湿地省级自然保护区、盱眙县天泉湖、二河沿线、黄河故道沿线、入海水道沿线、淮河入江水道沿线等。

观察记录

中白鹭（zhōng bái lù）*Ardea intermedia*

保护级别　IUCN　LC（无危）

形态特征　雌雄相似。体长 62～70 cm。全身雪白，嘴裂不过眼后，繁殖期喙黑色，眼先裸皮黄色，背部及胸部有长丝状披散的蓑羽，部分个体虹膜红色，非繁殖期喙黄色而喙尖黑色，蓑羽消失。

生境特点　栖息于开阔的湖泊、池塘和农田。

环境指示　★★★

热点区域　白马湖国家湿地公园、洪泽湖东部湿地省级自然保护区、盱眙县天泉湖、二河沿线、黄河故道沿线、入海水道沿线、淮河入江水道沿线等。

观察记录

大白鹭（dà bái lù）*Ardea alba*

保护级别　IUCN　LC（无危）

形态特征　雌雄相似。体长 94～104 cm。全身雪白，脚黑色，嘴裂超过眼后，非繁殖羽喙黄色，眼先黄色，繁殖羽喙黄色，眼先蓝绿色，胸及背具蓑羽。

生境特点　栖息于开阔的湖泊、池塘、农田。

环境指示　★★★

热点区域　白马湖国家湿地公园、洪泽湖东部湿地省级自然保护区、盱眙县天泉湖、二河沿线、黄河故道沿线、入海水道沿线、淮河入江水道沿线等。

观察记录

草鹭（cǎo lù）*Ardea purpurea*

保护级别 IUCN LC（无危）

形态特征 雌雄相似。体长 78～97 cm。头顶及辫状饰羽黑色，颈部棕色，颈侧有黑色长纵纹，背部及覆羽深灰色而略沾棕色，飞羽黑色。

生境特点 栖息于开阔且水生植物丰富的湖泊、池塘和农田，常躲藏于浅水处芦苇、香蒲和草丛中。

环境指示 ★★★

热点区域 白马湖国家湿地公园、洪泽湖东部湿地省级自然保护区、淮河入江水道沿线等。

观察记录

绿鹭（lǜ lù）*Butorides striata*

保护级别　IUCN　LC（无危）

形态特征　雌雄相似。体长 35～48 cm。成鸟整体黑绿色，顶冠及冠羽黑色，翼上密布白色斑纹，幼鸟体色似成鸟而偏褐色，顶冠黑色，翼上有白色斑纹。

生境特点　栖息于水生植物较丰富且隐蔽的池塘和河流。

环境指示　★★★

热点区域　白马湖国家湿地公园、洪泽湖东部湿地省级自然保护区等。

观察记录

黄斑苇鳽（黄苇鳽）（huáng bān wěi jiān）*Ixobrychus sinensis*

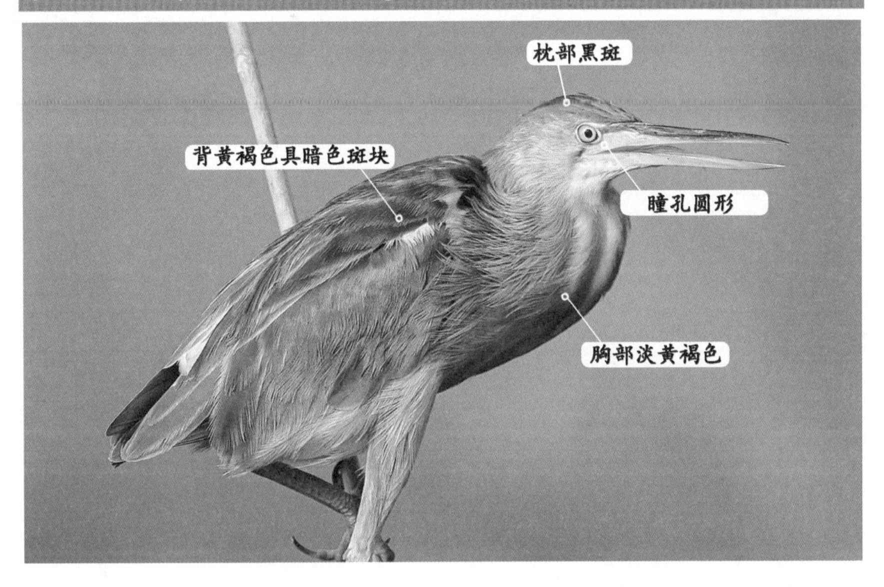

保护级别　IUCN　LC（无危）

形态特征　雌雄相似。体长 30～40 cm。成鸟顶冠黑色，上体黄褐色，下体淡黄色具长条纹，幼鸟整体黄褐色，密布黑褐色斑纹，飞羽及尾端黑色，飞行时宽大的黑色翼缘非常明显。

生境特点　栖息于水生植物丰富的湿地，如芦苇丛、荷池。

环境指示　★★★

热点区域　白马湖国家湿地公园、洪泽湖东部湿地省级自然保护区、淮安森林公园、盱眙县天泉湖、二河沿线、黄河故道沿线、入海水道沿线、淮河入江水道沿线等。

观察记录

鲣鸟目

普通鸬鹚（pǔ tōng lú cí）*Phalacrocorax carbo*

保护级别	IUCN　LC（无危）
形态特征	雌雄相似。体长 84～94 cm。全身近黑色而带绿黑色金属光泽，喙长且喙尖带钩，喙基部黄色，脸颊及喉部白色，繁殖期头及颈部有白色丝状羽，下肋有一白斑，非繁殖期白色羽毛消失，幼鸟偏褐色，腹部多灰白色。
生境特点	栖息于湖泊、鱼塘、河流。
环境指示	★★★
热点区域	白马湖国家湿地公园、洪泽湖东部湿地省级自然保护区、盱眙县天泉湖、二河沿线、黄河故道沿线、入海水道沿线、淮河入江水道沿线等。
观察记录	

鹰形目

鹗（è）*Pandion haliaetus*

保护级别	IUCN LC（无危）/国家Ⅱ级保护/省级保护
形态特征	雌雄相似。体长 54～58 cm。头顶、喉及腹部白色，黑色贯眼纹延伸至颈后，背部暗褐色，胸部有较宽的褐色胸带，飞行时两翼狭长，翼指五枚。
生境特点	栖息于鱼类较丰富的湖泊、鱼塘。
环境指示	★★★★
热点区域	白马湖国家湿地公园、洪泽湖东部湿地省级自然保护区、盱眙县天泉湖、淮河入江水道沿线等。
观察记录	

黑翅鸢（hēi chì yuān）*Elanus caeruleus*

保护级别	IUCN LC（无危）/国家Ⅱ级保护/省级保护
形态特征	雌雄相似。体长 30～37 cm。头顶及背部灰白色，其余偏白色，肩部覆羽及翼下飞羽黑色，飞行时黑、白、灰三色对比明显。
生境特点	栖息于较开阔的农田、草地及林缘地带。
环境指示	★★★★
热点区域	白马湖国家湿地公园、洪泽湖东部湿地省级自然保护区、古淮河国家湿地公园、淮安森林公园、盱眙县天泉湖、二河沿线、黄河故道沿线、入海水道沿线、淮河入江水道沿线等。
观察记录	

黑冠鹃隼（hēi guàn juān sǔn）*Aviceda leuphotes*

保护级别	IUCN　LC（无危）/国家Ⅱ级保护/省级保护
形态特征	雌雄相似。体长 28～35 cm。头顶有长且竖直的蓝黑色冠羽，头部、背部和臀部以黑色为主，胸腹部白色，腹部有栗色横纹，飞行时翅型较宽圆，翼下覆羽和翼尖黑色，飞羽和尾羽灰色。
生境特点	栖息于低山、丘陵地区的森林及林缘地带。
环境指示	★★★★
热点区域	盱眙县天泉湖、淮河入江水道沿线等。
观察记录	

凤头鹰（fèng tóu yīng）*Accipiter trivirgatus*

保护级别	IUCN　LC（无危）/国家Ⅱ级保护/省级保护
形态特征	雌雄相似。体长 40~48 cm。脑后有短羽冠，背部灰褐色，脸灰色，虹膜黄色，喉部白色，黑色喉中线明显，胸部有棕褐色纵纹，腹部有棕褐色粗横斑，飞行时，翼指六枚，尾下白色覆羽。
生境特点	栖息于山地、丘陵地区的森林及林缘地带。
环境指示	★★★★
热点区域	盱眙县天泉湖等。
观察记录	

赤腹鹰（chì fù yīng）*Accipiter soloensis*

保护级别	IUCN　LC（无危）/国家Ⅱ级保护/省级保护
形态特征	雌雄相似。体长 25～35 cm。雄鸟头及背部灰色，虹膜暗色，喉部白色，无喉中线，胸腹部淡棕色，飞行时翼下覆羽和飞羽颜色偏白，翼尖深色，翼指四枚，雌鸟和雄鸟相似，但体型比雄鸟大，虹膜黄色，幼鸟有黑色喉中线，胸部有褐色纵纹，腹部有密集的褐色粗横斑，飞行时翼下覆羽浅色但不具斑纹。
生境特点	栖息于山地、丘陵地区的森林及林缘地带。
环境指示	★★★★
热点区域	淮安森林公园、盱眙县天泉湖、铁山寺国家森林公园等。
观察记录	

日本松雀鹰（rì běn sōng què yīng）*Accipiter gularis*

保护级别　IUCN　LC（无危）/国家Ⅱ级保护/省级保护

形态特征　雌雄相似。体长23~30 cm。雄鸟头和背部灰色，喉部白色，喉中线较细，有时不明显，虹膜黄色，胸腹部棕红色，飞行时翼指五枚，雌鸟背部褐色较重，喉中线较细，胸腹部有浓密的褐色横斑，幼鸟胸部有褐色纵纹，胸部具纵纹而非横纹，体羽偏棕色。

生境特点　栖息于山地、丘陵地区的森林及林缘地带。

环境指示　★★★★

热点区域　古淮河国家湿地公园、淮安森林公园、盱眙县天泉湖等。

观察记录

雀鹰（què yīng）*Accipiter nisus*

保护级别	IUCN　LC（无危）/国家Ⅱ级保护/省级保护
形态特征	雌雄相似。体长28～40 cm。雄鸟头顶及背部灰色，脸颊棕红色，无喉中线，虹膜黄色，胸腹部有细密的棕红色横斑，飞行时颈显短而尾显长，翼指六枚，雌鸟体型较大，白色眉纹更明显，脸颊无棕色，胸腹部有细密的灰褐色横斑。
生境特点	栖息于山地、丘陵地区的森林及林缘地带。
环境指示	★★★★
热点区域	白马湖国家湿地公园、洪泽湖东部湿地省级自然保护区、盱眙县天泉湖、铁山寺国家森林公园等。
观察记录	

苍鹰（cāng yīng）*Accipiter gentilis*

保护级别　IUCN　LC（无危）/国家Ⅱ级保护/省级保护

形态特征　雌雄相似。体长 53～64 cm。雌鸟体型稍大，白色眉纹显著，头顶、贯眼纹及背部深灰色，无喉中线，虹膜黄色，胸腹部白色，有细密的灰褐色横斑，翼指六枚，幼鸟眉纹不明显，背部褐色，胸腹部淡黄色，有密集且较粗的灰褐色纵纹。

生境特点　栖息于山地、丘陵地区的森林及林缘地带。

环境指示　★★★★

热点区域　盱眙县天泉湖等。

观察记录

凤头蜂鹰（fèng tóu fēng yīng）*Pernis ptilorhynchus*

保护级别	IUCN LC（无危）/国家Ⅱ级保护/省级保护
形态特征	雌雄二型。体长 52～68 cm。颜色变化极多，分浅色型、中间型、深色型、多斑型等，但所有类型均有对比性浅色喉块，颈部较长，头小且尖，飞行时飞羽上均有深色横带，翼指六枚，两翼及尾较狭长，尾羽上常有两道黑色粗横斑。
生境特点	栖息于山地、丘陵地区的森林及林缘地带。
环境指示	★★★★
热点区域	盱眙县天泉湖等。
观察记录	

灰脸鵟鹰（huī liǎn kuáng yīng）*Butastur indicus*

保护级别　IUCN　LC（无危）/国家Ⅱ级保护/省级保护

形态特征　雌雄相似。体长 41～48 cm。脸部灰色，白色眉纹明显，喉白色且有黑色喉中线，胸部及背部褐色，腹部有褐色横斑，飞行时两翼显狭长，翼指五枚，幼鸟胸腹部斑纹浓密，颜色稍浅。

生境特点　栖息于山地、丘陵地区的森林及林缘地带。

环境指示　★★★★

热点区域　盱眙县天泉湖等。

观察记录

白尾鹞（bái wěi yào）*Circus cyaneus*

保护级别 IUCN LC（无危）/国家Ⅱ级保护/省级保护

形态特征 雌雄二型。体长 41～53 cm。雄鸟上体蓝灰色，头和胸部较暗，翅尖黑色，尾上覆羽白色，腹、两胁和翅下覆羽白色，雌鸟上体暗褐色，尾上覆羽白色，下体皮黄白色或棕黄褐色，杂以粗的红褐色或暗棕褐色纵纹，幼鸟似雌鸟，但下体较淡，纵纹更为明显，虹膜黄色，喙黑色，基部蓝灰色、虹膜黄绿色，脚和趾黄色，爪黑色。

生境特点 栖息于开阔的湖泊、芦苇荡，也常见于农田和草地附近。

环境指示 ★★★★

热点区域 白马湖国家湿地公园、洪泽湖东部湿地省级自然保护区、盱眙县天泉湖、淮河入江水道沿线等。

观察记录

普通鵟（pǔ tōng kuáng）*Buteo ja ponicus*

保护级别	IUCN　LC（无危）/国家Ⅱ级保护/省级保护
形态特征	雌雄相似。体长 42～54 cm。浅色型头及背部棕褐色，喉部及胸腹部皮黄色，有棕褐色斑纹，飞行时翼下有深褐色腕斑，翼尖黑色，翼指五枚，深色型全身深棕褐色，飞行时棕褐色的翼下覆羽和浅色的飞羽对比明显。
生境特点	栖息于开阔的山林、草地和农田。
环境指示	★★★★
热点区域	白马湖国家湿地公园、洪泽湖东部湿地省级自然保护区、古淮河国家湿地公园、盱眙县天泉湖、二河沿线、淮河入江水道沿线等。
观察记录	

隼形目

红隼（hóng sǔn）*Falco tinnunculus*

保护级别	IUCN LC（无危）/国家Ⅱ级保护/省级保护
形态特征	雌雄相似。体长 27～35 cm。雄鸟头顶及颈背灰色，背部红褐色，有黑色斑点，胸腹部皮黄色，有密集的黑色纵纹，尾灰色，飞行时尾羽上黑色次端斑明显，雌鸟头顶、背部及尾羽均为红褐色，密布黑色斑纹，整体颜色稍暗。
生境特点	栖息于开阔的山林、草地、农田和湿地。
环境指示	★★★★
热点区域	白马湖国家湿地公园、洪泽湖东部湿地省级自然保护区、古淮河国家湿地公园、淮安森林公园、盱眙县天泉湖、二河沿线、黄河故道沿线、入海水道沿线、淮河入江水道沿线、铁山寺国家森林公园等。
观察记录	

红脚隼（hóng jiǎo sǔn）*Falco amurensis*

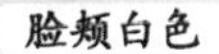

保护级别 IUCN LC（无危）/国家Ⅱ级保护/省级保护

形态特征 雌雄二型。体长28～31 cm。雄鸟头及背部深灰色，胸腹部浅灰色，臀部棕红色，飞行时白色的翼下覆羽和黑色的飞羽对比明显，雌鸟头顶及背部灰色，脸颊白色，腹胸部白色且密布深灰色纵纹，臀部淡棕色，飞行时翼下白色，有密集的深灰色斑纹，飞羽后缘深色。

生境特点 栖息于开阔的农田和空旷地。

环境指示 ★★★★

热点区域 洪泽湖东部湿地省级自然保护区、盱眙县天泉湖、入海水道沿线、铁山寺国家森林公园等。

观察记录

燕隼（yàn sǔn）*Falco subbuteo*

保护级别　IUCN　LC（无危）/国家Ⅱ级保护/省级保护

形态特征　雌雄相似。体长 28～35 cm。头顶、眼后及背部近黑色，脸颊白色，胸腹部白色且密布黑色粗纵纹，臀部淡棕色，飞行时两翼狭长而尖，翼下深色，有密集的白色斑点，幼鸟臀部偏白而棕色不明显。

生境特点　栖息于开阔平原和农田。

环境指示　★★★★

热点区域　京杭大运河沿线等。

观察记录

游隼（yóu sǔn）*Falco peregrinus*

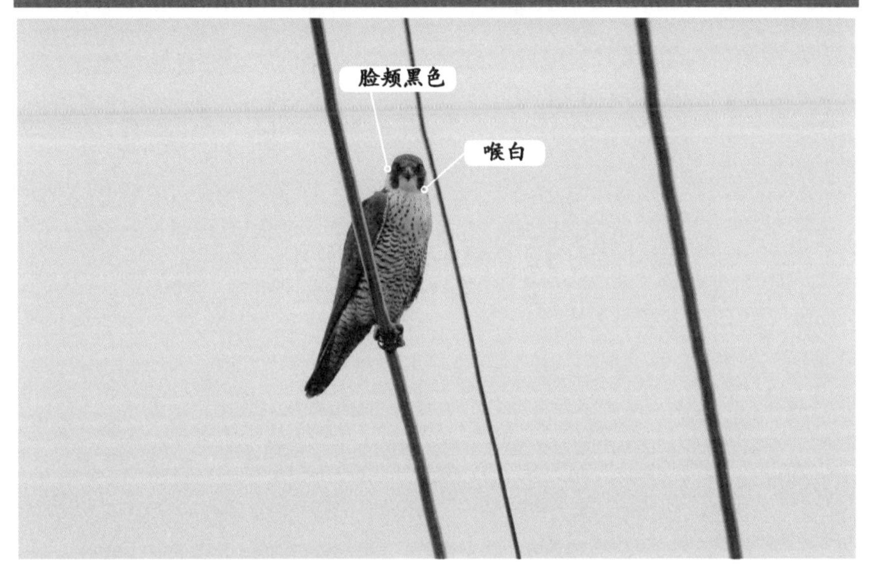

保护级别　IUCN　LC（无危）/国家Ⅱ级保护/省级保护

形态特征　雌雄相似。体长 41～49 cm。头顶及脸颊黑色，背部深灰色，喉白，胸腹部白色且有密集的黑色细横斑，幼鸟胸腹部淡棕色，有密集的黑色纵纹。

生境特点　栖息于山地、丘陵、农田和湿地。

环境指示　★★★★

热点区域　白马湖国家湿地公园、盱眙县天泉湖等。

观察记录

鹤形目

白骨顶（骨顶鸡）（bái gǔ dǐng）*Fulica atra*

保护级别　IUCN　LC（无危）

形态特征　雌雄相似。体长 36～39 cm。头颈黑色略具金属光泽，躯干灰黑色，脚灰绿色，虹膜红色，具显眼的白色喙和额甲，体羽黑色或暗灰黑色，仅飞行时可见翼上狭窄近白色后缘。

生境特点　栖息于静水或缓流的湖泊、水塘和河流。

环境指示　★★★

热点区域　白马湖国家湿地公园、洪泽湖东部湿地省级自然保护区、古淮河国家湿地公园、淮安森林公园、盱眙县天泉湖、二河沿线、黄河故道沿线、入海水道沿线、淮河入江水道沿线等。

观察记录

灰鹤（huī hè）*Grus grus*

保护级别　IUCN　LC（无危）/国家Ⅱ级保护/省级保护

形态特征　雌雄相似。体长 100～120 cm。通体羽色几乎全为灰色，前额和眼先黑色，头顶裸区部分呈朱红色，喉、前颈和后颈为灰黑色，自眼后有一道宽的白色条纹伸至颈背，虹膜红褐色或深红色，喙暗绿色。

生境特点　栖息于开阔的沼泽、草地和农田。

环境指示　★★★

热点区域　白马湖国家湿地公园等。

观察记录

鸻形目

水雉（shuǐ zhì）*Hydrophasianus chirurgus*

保护级别	IUCN　LC（无危）/国家Ⅱ级保护/省级保护
形态特征	雌雄相似。体长 39～58 cm。繁殖期头、颈及两翼白色，颈背金黄色，背部、腹部及尾羽深褐色，尾羽细长，爪亦很长，非繁殖期和幼鸟相似，头顶及背部灰褐色，黑色贯眼纹下延至颈侧，眼纹后的颈侧金黄色，身体其余部分白色。
生境特点	栖息于富有挺水植物和漂浮植物的湖泊、池塘和沼泽地带。
环境指示	★★★★
热点区域	白马湖国家湿地公园、洪泽湖东部湿地省级自然保护区、盱眙县天泉湖、二河沿线、淮河入江水道沿线等。
观察记录	

凤头麦鸡（fèng tóu mài jī）*Vanellus vanellus*

保护级别　IUCN　NT（近危）

形态特征　雌雄相似。体长 28～31 cm。有细长且上翘的黑色羽冠，背部灰绿色、紫红色且有金属光泽，脸、喉及腹部白色，脸颊有黑褐色斑纹，胸部黑色，飞行时白色腰部明显。

生境特点　栖息于河岸、沼泽地、农田及放水后的水产养殖塘，喜在无植被或植被稀疏的开阔区域活动。

环境指示　★★★

热点区域　白马湖国家湿地公园、洪泽湖东部湿地省级自然保护区、盱眙县天泉湖、二河沿线等。

观察记录

金鸻（金斑鸻）（jīn héng）*Pluvialis fulva*

保护级别　IUCN　LC（无危）

形态特征　雌雄相似。体长 23～26 cm。繁殖期脸、喉及胸腹部黑色，脸周、颈侧及胸侧白色，头顶及背部深灰色，杂有许多白色和金黄色斑点，非繁殖期头顶及背部灰褐色，有密集的金黄色斑点，脸及胸部有灰褐色细纵纹，腹部白色。

形态特征　栖息于水塘、草地、农田。

环境指示　★★★

热点区域　白马湖国家湿地公园等。

观察记录

金眶鸻（jīn kuàng héng）*Charadrius dubius*

保护级别　IUCN　LC（无危）

形态特征　雌雄相似。体长 14～17 cm。繁殖期头顶及背部褐色，额顶、贯眼纹黑色或黑褐色，金色眼圈明显，眼先、喉部及腹部白色，黑色胸带延伸至背部形成颈环，非繁殖期和幼鸟相似，头部、背部及胸带褐色，胸腹部白色，无金色眼圈。

生境特点　栖息于平原的湖泊、河流的水滨湿地。

环境指示　★★★

热点区域　白马湖国家湿地公园、洪泽湖东部湿地省级自然保护区等。

观察记录

黑翅长脚鹬（hēi chì cháng jiǎo yù）*Himantopus himantopus*

保护级别　IUCN　LC（无危）

形态特征　雌雄相似。体长 35～43 cm。喙及脚细长，头、颈及胸腹部白色，背部及飞羽黑色，部分个体头顶及颈背有黑色斑块，幼鸟头顶及颈背灰色，背部深褐色。

生境特点　栖息于较开阔的内陆湖泊、池塘、沼泽。

环境指示　★★★

热点区域　白马湖国家湿地公园、洪泽湖东部湿地省级自然保护区、盱眙县天泉湖、二河沿线、淮河入江水道沿线等。

观察记录

反嘴鹬（fǎn zuǐ yù）*Recurvirostra avosetta*

保护级别　IUCN　LC（无危）

形态特征　雌雄相似。体长 42～45 cm。喙细长且明显上翘，头顶、颈背及初级飞羽黑色，背部及翼肩有黑色斑块，其余均为白色。

生境特点　栖息于较开阔的湖泊、池塘、沼泽。

环境指示　★★★

热点区域　白马湖国家湿地公园、洪泽湖东部湿地省级自然保护区、盱眙县天泉湖、二河沿线、淮河入江水道沿线等。

观察记录

鹤鹬（hè yù）*Tringa erythropus*

保护级别　IUCN　LC（无危）

形态特征　雌雄相似。体长 29～32 cm。喙细长且直，繁殖期全身黑色，背部及腹部杂有白色斑点和斑纹，非繁殖期头顶及背部灰褐色，白色眉纹明显，颈部及两胁沾灰色，喉及胸腹部白色，飞行时仅背部中间白色，尾羽有密集黑色横斑。

生境特点　栖息于内陆湖泊、池塘和农田。

环境指示　★★★

热点区域　白马湖国家湿地公园、洪泽湖东部湿地省级自然保护区、盱眙县天泉湖、二河沿线、淮河入江水道沿线等。

观察记录

青脚鹬（qīng jiǎo yù）*Tringa nebularia*

保护级别　IUCN　LC（无危）

形态特征　雌雄相似。体长 30～35 cm。喙长而略微上翘，繁殖期头、颈及胸部有黑色纵纹和斑点，背部灰褐色，杂有黑色斑点，腹部白色，非繁殖期喉部及胸部斑纹消失，背部灰褐色且无黑色斑点。

生境特点　栖息于内陆湖泊、池塘和农田。

环境指示　★★★

热点区域　白马湖国家湿地公园、洪泽湖东部湿地省级自然保护区、盱眙县天泉湖、二河沿线、淮河入江水道沿线等。

观察记录

尖尾滨鹬（jiān wěi bīn yù）*Calidris acuminata*

保护级别　IUCN　LC（无危）

形态特征　雌雄相似。体长 17～22 cm。喙略短于头长，繁殖期头顶棕红色，眼后有浅色眉纹，背部灰褐色杂有棕色斑纹，颈部及胸部淡棕色，胸部密集的 V 字形黑色斑纹延伸至两胁，非繁殖期整体颜色较浅，以灰褐色为主，头顶带棕色，胸部沾灰色，腹部白色，无明显 V 字形斑纹。

生境特点　栖息于湖泊、池塘和农田。

环境指示　★★★

热点区域　白马湖国家湿地公园等。

观察记录

半蹼鹬（bàn pǔ yù）*Limnodromus semipalmatus*

保护级别　IUCN　NT（近危）/国家Ⅱ级保护/省级保护

形态特征　雌雄相似。体长 33～36 cm。喙黑色，直而长，末端膨大，非繁殖期上体灰褐色，颈、胸及两胁具黑色纹路，具白色眉纹及黑色贯眼纹，繁殖期头颈至下腹锈红色。翼下白色，腰及尾具黑色横斑。

生境特点　栖息于湖泊、河流、草地和沼泽地。

环境指示　★★★★

热点区域　白马湖国家湿地公园等。

观察记录

扇尾沙锥（shàn wěi shā zhuī）*Gallinago gallinago*

保护级别　IUCN　LC（无危）

形态特征　雌雄相似。体长 25～27 cm。喙相对较长（约为头长的 2 倍），背部有明显浅色粗纵纹，尾羽 12～18 枚，通常为 14 或 16 枚，外侧尾羽和中央尾羽无明显差异，飞行时翼下大片白色，且明显的白色翼后缘。

生境特点　栖息于湖泊、池塘、农田，有时也出现于城市河道中，常躲藏于水边草丛中。

环境指示　★★★

热点区域　白马湖国家湿地公园、洪泽湖东部湿地省级自然保护区、二河沿线等。

观察记录

普通燕鸻（pǔ tōng yàn héng）*Glareola maldivarum*

保护级别	IUCN　LC（无危）
形态特征	雌雄相似。体长 23～24 cm。躯干似强壮的燕子、喙极短且宽扁，非繁殖期上体灰褐色，初级飞羽黑色，繁殖期眼至喉下部具黑线形成闭合环。
生境特点	栖息于开阔的草地、农田。
环境指示	★★★
热点区域	白马湖国家湿地公园、洪泽湖东部湿地省级自然保护区、二河沿线等。
观察记录	

西伯利亚银鸥（xī bó lì yà yín ōu）*Larus vegae*

保护级别　IUCN　LC（无危）

形态特征　雌雄相似。体长 55～68 cm。繁殖期背部浅灰色至深灰色，其余纯白色，飞行时初级飞羽黑色，羽尖有白斑，非繁殖期颈部及胸部有浓密深色纵纹，第一年冬幼鸟偏灰白色，有杂乱的灰褐色斑纹，飞行时飞羽颜色较深，尾羽末端黑色范围较宽。

生境特点　栖息于鱼塘及开阔的湖泊。

环境指示　★★★

热点区域　白马湖国家湿地公园、洪泽湖东部湿地省级自然保护区、盱眙县天泉湖、二河沿线、淮河入江水道沿线等。

观察记录

鸽形目

火斑鸠（huǒ bān jiū）*Streptopelia tranquebarica*

保护级别	IUCN　LC（无危）
形态特征	雌雄二型。体长 20～23 cm。雄鸟头及腰部青灰色，颈后有黑色粗横斑，背部及胸腹部红褐色，胸腹颜色稍浅，雌鸟背部偏灰褐色，胸腹部粉灰色。
生境特点	栖息于开阔的平原、田野、村庄、果园、山麓疏林、宅旁竹林，也出现于低山丘陵和林缘地带。
环境指示	★★★
热点区域	白马湖国家湿地公园、洪泽湖东部湿地省级自然保护区、盱眙县天泉湖、二河沿线、淮河入江水道沿线等。
观察记录	

鹃形目

小鸦鹃（xiǎo yā juān）*Centropus bengalensis*

保护级别　IUCN　LC（无危）/国家Ⅱ级保护/省级保护

形态特征　雌雄相似。体长 34～42 cm。头、颈、胸腹及尾羽均为黑褐色，颈部有稀疏的白色针状羽毛，背部及两翼棕褐色，幼鸟全身棕褐色，头及颈部有明显白色针状羽。

生境特点　栖息于芦苇、香蒲等水生植物较密的湖泊、池塘和沼泽，也出现在山边灌木丛和高草丛附近。

环境指示　★★★★

热点区域　白马湖国家湿地公园、京杭大运河沿线、铁山寺国家森林公园等。

观察记录

鸮形目

领角鸮（lǐng jiǎo xiāo）*Otus lettia*

保护级别　IUCN　LC（无危）/国家Ⅱ级保护/省级保护

形态特征　雌雄相似。体长 23～25 cm。全身偏灰褐色，面盘边缘明显呈黑褐色，头部有显著且耸立耳羽簇，背部有深色杂斑，胸腹部有稀疏的深色细纵纹。

生境特点　栖息于山地、丘陵地区的森林，或山脚林缘地带。

环境指示　★★★★

热点区域　淮安森林公园等。

观察记录

红角鸮（hóng jiǎo xiāo）*Otus sunia*

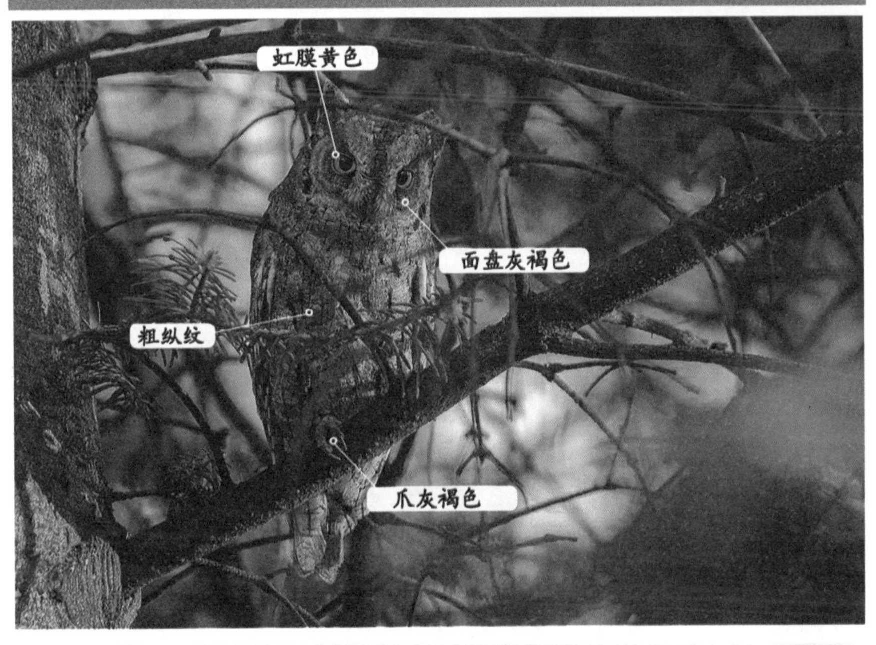

保护级别　IUCN　LC（无危）/国家Ⅱ级保护/省级保护

形态特征　雌雄相似。体长 17～21 cm。头上有角状的耳羽，全身以灰褐色为主，胸腹部颜色稍浅，有稀疏杂乱的黑色纵纹，另有红褐型，全身红褐色较重，其余和灰色型相似。

生境特点　栖息于山地、丘陵地区的森林或城市园林环境。

环境指示　★★★★

热点区域　淮安森林公园等。

观察记录

长耳鸮（cháng ěr xiāo）*Asio otus*

保护级别　IUCN　LC（无危）/国家Ⅱ级保护/省级保护

形态特征　雌雄相似。体长 35～40 cm。有长而显著的耳羽簇，面盘明显，脸部中央有“V”形的浅色斑纹，头及背部灰褐色，杂有黑色和白色斑纹，胸腹部皮黄色，有黑褐色纵纹。

生境特点　栖息于针叶林、针阔混交林和阔叶林等各种类型的森林，或林缘地带疏林、农田防护林和城市公园的林地。

环境指示　★★★★

热点区域　白马湖国家湿地公园、古淮河国家湿地公园、淮河入江水道沿线等。

观察记录

短耳鸮（duǎn ěr xiāo）*Asio flammeus*

保护级别　IUCN　LC（无危）/国家Ⅱ级保护/省级保护

形态特征　雌雄相似。体长 34～40 cm。耳羽簇较短，面盘明显，颜色较浅，有深色眼圈，背部黑褐色和白色斑纹，胸腹部皮黄色，有黑褐色纵纹。

生境特点　栖息于低山、丘陵、平原、沼泽、湖岸和草地等各类生境，尤以开阔平原草地、沼泽和湖岸地带较多见。

环境指示　★★★★

热点区域　淮河入江水道沿线等。

观察记录

纵纹腹小鸮（zòng wén fù xiǎo xiāo）*Athene noctua*

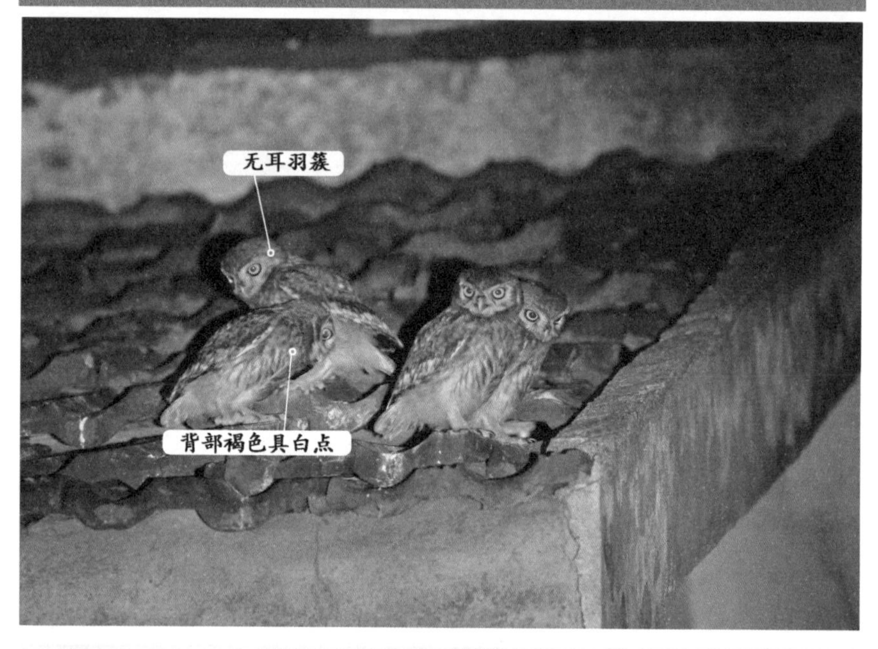

保护级别　IUCN　LC（无危）/国家Ⅱ级保护/省级保护

形态特征　雌雄相似。体长 20～25 cm。无耳羽簇，体色为棕褐色，头顶较平具细密白点，具浅色眉纹，白色髭纹较宽，腹部灰白具褐色纵纹，背部褐色，具白色点斑。

生境特点　栖息于低山丘陵，林缘地带灌丛和平原森林地带，或农田附近。

环境指示　★★★★

热点区域　京杭大运河沿线等。

观察记录

佛法僧目

斑鱼狗（bān yú gǒu）*Ceryle rudis*

保护级别　IUCN　LC（无危）

形态特征　雌雄相似。体长 25～30 cm。嘴粗长，冠羽较小且不耸立，雄鸟头顶及背部黑色且具白色斑点，有白色眉纹和黑色贯眼纹，胸腹部白色，有两条黑色胸带，雌鸟除仅有一条黑色胸带且中间断开外，其余和雄鸟相似。

生境特点　栖息于较开阔的湖泊、池塘、河道。

环境指示　★★★

热点区域　白马湖国家湿地公园、洪泽湖东部湿地省级自然保护区、古淮河国家湿地公园、盱眙县天泉湖、铁山寺国家森林公园等。

观察记录

三宝鸟（sān bǎo niǎo）*Eurystomus orientalis*

保护级别　IUCN　LC（无危）

形态特征　雌雄相似。体长 27～32 cm。嘴短而宽，整体偏暗蓝色，头部偏黑褐色，喉为亮丽的蓝紫色，飞行时两翼初级飞羽上有明亮的浅蓝色斑块。

生境特点　栖息于山地、平原地区的森林及林缘地带。

环境指示　★★★

热点区域　古淮河国家湿地公园等。

观察记录

雀形目

小灰山椒鸟（xiǎo huī shān jiāo niǎo）

Pericrocotus cantonensis

保护级别　IUCN　LC（无危）

形态特征　雌雄相似。体长 18～19 cm。头顶、贯眼纹及背部深灰色，两翼及腰部沾褐色，前额及喉部白色，胸腹部偏白，沾有浅褐色。

生境特点　栖息于低山、丘陵、平原地区的森林，也出现于公园和苗圃。

环境指示　★★★

热点区域　古淮河国家湿地公园、二河沿线、铁山寺国家森林公园等。

观察记录

灰山椒鸟（huī shān jiāo niǎo）*Pericrocotus divaricatus*

保护级别　IUCN　LC（无危）

形态特征　雌雄相似。体长 18～21 cm。雄鸟头顶、枕部及贯眼纹黑色，背部深灰色，前额、喉及胸腹部白色，雌鸟整体颜色偏淡，头及背部均为灰色，前额白色范围较小。

生境特点　栖息于低山、丘陵地区的森林树冠层，迁徙期也至湿地附近的小树林。

环境指示　★★★

热点区域　洪泽湖东部湿地省级自然保护区、二河沿线等。

观察记录

红尾伯劳（hóng wěi bó láo）*Lanius cristatus*

保护级别　IUCN　LC（无危）

形态特征　雌雄相似。体长 17～20 cm。头顶灰白色或浅红褐色，黑色贯眼纹较宽，背部棕褐色，尾羽红褐色，喉白，胸腹部偏白，略沾淡棕色，幼鸟头顶及背部浅褐色，背部及两胁有深色细横纹。

生境特点　栖息于丘陵、平原地区较开阔的林缘地带和灌丛，或湿地和农田。

环境指示　★★★

热点区域　白马湖国家湿地公园、洪泽湖东部湿地省级自然保护区等。

观察记录

灰卷尾（huī juǎn wěi）*Dicrurus leucophaeus*

保护级别　IUCN　LC（无危）

形态特征　雌雄相似。体长 26～29 cm。全身浅灰色，脸部有大块白斑，前额黑色，尾羽长而分叉，另有西南亚种，全身灰色并有蓝色金属光泽，脸部无白斑。

生境特点　栖息于山地、丘陵地区的森林和林缘开阔地带。

环境指示　★★★

热点区域　淮河入江水道沿线、铁山寺国家森林公园等。

观察记录

黄腹山雀（huáng fù shān què）*Parus venustulus*

保护级别　IUCN　LC（无危）

形态特征　雌雄二型。体长 9～11 cm。雄鸟头顶、喉及上背黑色，脸颊及后颈有白色斑块，翼上有两排白色斑点，胸腹部黄色，雌鸟和雄鸟相似，头顶及背部偏灰绿色，喉及胸腹部黄绿色。

生境特点　栖息于山地、丘陵地区的森林，也出现于城市公园。

环境指示　★★★

热点区域　白马湖国家湿地公园、洪泽湖东部湿地省级自然保护区、古淮河国家湿地公园、淮安森林公园、盱眙县天泉湖、二河沿线、黄河故道沿线、入海水道沿线、淮河入江水道沿线等。

观察记录

中华攀雀（zhōng huá pān què）*Remiz consobrinus*

保护级别 IUCN LC（无危）

形态特征 雌雄二型。体长 10～12 cm。雄鸟头部浅灰色，有黑色贯眼纹，背部浅棕色，肩羽偏栗色，胸腹部皮黄色，雌鸟和雄鸟相似，整体颜色偏淡，头部灰褐色，贯眼纹深褐色。

生境特点 栖息于平原地区临近水源地的稀疏阔叶林。

环境指示 ★★★

热点区域 洪泽湖东部湿地省级自然保护区、古淮河国家湿地公园、二河沿线等。

观察记录

棕扇尾莺（zōng shàn wěi yīng）*Cisticola juncidis*

保护级别 IUCN LC（无危）

形态特征 雌雄相似。体长 10～14 cm。身体及尾羽均较短，头及背部棕褐色，有黑褐色斑纹，眉纹近白色，喉及胸腹部白色，两胁褐色。

生境特点 栖息于较开阔的湖泊、池塘、农田和空旷地。

环境指示 ★★★

热点区域 白马湖国家湿地公园等。

观察记录

震旦鸦雀（zhèn dàn yā què）*Paradoxornis heudei*

保护级别　IUCN　NT（近危）/国家Ⅱ级保护/省级保护

形态特征　雌雄相似。体长 18～20 cm。头偏圆而嘴短粗，头部、上背及胸部灰白色，黑褐色眉纹较粗且延伸至枕部，两翼、腹部及尾羽棕黄色，翅上及尾上有黑色斑纹。

生境特点　栖息于河流、湖泊、沼泽、河口沙洲芦苇丛中。

环境指示　★★★★

热点区域　白马湖国家湿地公园、洪泽湖东部湿地省级自然保护区、京杭大运河沿线、二河沿线等。

观察记录

灰纹鹟（huī wén wēng）*Muscicapa griseisticta*

保护级别　IUCN　LC（无危）

形态特征　雌雄相似。体长 13～15 cm。头顶及背部灰褐色，白色眼圈不明显，喉及胸腹部白色，胸部及两胁有清晰的深灰色纵纹。

生境特点　栖息于丘陵、平原地区较开阔的森林和林缘地带。

环境指示　★★★

热点区域　古淮河国家湿地公园、淮安森林公园等。

观察记录

乌鹟（wū wēng）*Muscicapa sibirica*

保护级别 IUCN LC（无危）

形态特征 雌雄相似。体长 12～14 cm。头顶及背部深灰色，有白色眼圈，喉及腹部白色，有时有白色的半颈环，胸部及两胁有较模糊的灰色斑纹，幼鸟头及背部有白色斑点，胸部深灰色斑纹比成鸟清晰。

生境特点 栖息于丘陵、平原地区较开阔森林和林缘地带。

环境指示 ★★★

热点区域 古淮河国家湿地公园、淮安森林公园等。

观察记录

北灰鹟（běi huī wēng）*Muscicapa dauurica*

保护级别　IUCN　LC（无危）

形态特征　雌雄相似。体长 12～14 cm。头顶及背部偏灰褐色，有白色眼圈，嘴较宽大，喉及胸腹部偏白，胸部及两胁沾灰色。

生境特点　栖息于丘陵、平原地区较开阔的森林和林缘地带。

环境指示　★★★

热点区域　古淮河国家湿地公园、淮安森林公园等。

观察记录

白眉姬鹟（bái méi jī wēng）*Ficedula zanthopygia*

保护级别　IUCN　LC（无危）

形态特征　雌雄相似。体长 12～14 cm。雄鸟头顶、背部及尾羽黑色，有显著的白色眉纹和翼斑，喉部、腰部及胸腹部鲜黄色，雌鸟头顶及背部橄榄绿色，白色翼斑较细，腰部黄色，喉及胸腹部淡黄色。

生境特点　栖息于丘陵、平原地区的森林和苗圃，有时也出现于城市公园。

环境指示　★★★

热点区域　古淮河国家湿地公园、淮安森林公园、铁山寺国家森林公园等。

观察记录

鸲姬鹟（qú jī wēng）*Ficedula mugimaki*

保护级别　IUCN　LC（无危）

形态特征　雌雄相似。体长 11～14 cm。雄鸟头部、背部及尾羽黑色，眼后有较短白色粗眉纹，翅上有开阔白色翼斑，喉及胸腹部橘黄色，下腹白色，雌鸟头顶及背部橄榄褐色，无明显眉纹，有两道较细的浅色翼斑，喉及胸部淡橘黄色。

生境特点　栖息于山地、平原地区森林和林缘地带，迁徙期也出现于城市公园、苗圃。

环境指示　★★★

热点区域　古淮河国家湿地公园、淮安森林公园等。

观察记录

红喉姬鹟（hóng hóu jī wēng）*Ficedula albicilla*

保护级别　IUCN　LC（无危）

形态特征　雌雄二型。体长 12～14 cm。雄鸟繁殖期头及背部灰褐色，尾羽黑色，外侧尾羽基部白色，喉橘黄色，胸部灰色腹部偏白，非繁殖期喉部无明显橘黄色，雌鸟和雄鸟相似，喉部白色，胸部沾灰色。

生境特点　栖息于山地、丘陵地区的森林和灌丛，迁徙期也出现于城市人工林。

环境指示　★★★

热点区域　古淮河国家湿地公园、淮安森林公园、铁山寺国家森林公园等。

观察记录

灰背鸫（huī bèi dōng）*Turdus hortulorum*

保护级别　IUCN　LC（无危）

形态特征　雌雄相似。体长 20～24 cm。雄鸟头、胸及背部灰色，喉部颜色稍浅，两胁大片橘黄色，下腹白色，雌鸟头及背部偏灰褐色，喉及胸部偏白，有密集黑色斑纹，两胁大片橘黄色，下腹白色。

生境特点　栖息于丘陵、平原地区的森林和灌丛。

环境指示　★★★

热点区域　白马湖国家湿地公园、洪泽湖东部湿地省级自然保护区、古淮河国家湿地公园、淮安森林公园、盱眙县天泉湖、二河沿线、淮河入江水道沿线、铁山寺国家森林公园等。

观察记录

白腹鸫（bái fù dōng）*Turdus pallidus*

保护级别　IUCN　LC（无危）

形态特征　雌雄相似。体长 21～24 cm。雄鸟脸部偏灰色，头顶及背部橄榄褐色，胸部及两胁灰褐色，腹部白色，雌鸟和雄鸟相似，但整体灰色少而褐色较重，喉部偏白且有深色纵纹。

生境特点　栖息于山地丘陵地区的森林、灌丛。

环境指示　★★★

热点区域　白马湖国家湿地公园、洪泽湖东部湿地省级自然保护区、古淮河国家湿地公园、淮安森林公园、盱眙县天泉湖、淮河入江水道沿线等。

观察记录

斑鸫（bān dōng）*Turdus eunomus*

保护级别　IUCN　LC（无危）

形态特征　雌雄相似。体长 23～25 cm。头及背部橄榄褐色，翅上有较明显的棕色，白色眉纹和颊纹较粗，喉及胸腹部白色，胸部及两胁有密集的黑色鱼鳞状斑纹，尾羽偏黑。

生境特点　栖息于丘陵平原地区较开阔的林地、苗圃和农田。

环境指示　★★★

热点区域　白马湖国家湿地公园、洪泽湖东部湿地省级自然保护区、古淮河国家湿地公园、淮安森林公园、盱眙县天泉湖、二河沿线、黄河故道沿线、入海水道沿线、淮河入江水道沿线等。

观察记录

黑领椋鸟（hēi lǐng liáng niǎo）*Gracupica nigricollis*

保护级别　IUCN　LC（无危）

形态特征　雌雄相似。体长 27～31 cm。头部白色，眼周裸皮黄色，黑色颈环很宽，背部及尾羽黑褐色，杂有白色斑纹，飞行时腰部白色明显，腹部白色。

生境特点　栖息于平原地区较开阔的农田、草地和湿地。

环境指示　★★★

热点区域　白马湖国家湿地公园、洪泽湖东部湿地省级自然保护区、古淮河国家湿地公园、淮安森林公园、盱眙县天泉湖、二河沿线、淮河入江水道沿线等。

观察记录

灰鹡鸰（huī jí líng）*Motacilla cinerea*

保护级别　IUCN　LC（无危）

形态特征　雌雄相似。体长 17～20 cm。繁殖期头顶及背部灰色，有细长的白色眉纹和颊纹，两翼、尾羽及喉部黑色，胸腹部及臀部鲜黄色，非繁殖期喉部白色，臀部淡黄色，胸腹部白色略沾黄色。

生境特点　栖息于山区多砾石的溪流和水沟附近，也出现于湖泊、池塘。

环境指示　★★★

热点区域　白马湖国家湿地公园、洪泽湖东部湿地省级自然保护区、铁山寺国家森林公园等。

观察记录

黄鹡鸰（huáng jí líng）*Motacilla tschutschensis*

保护级别　IUCN　LC（无危）

形态特征　雌雄相似。体长 17～19 cm。亚种很多，背部大多为橄榄绿色，喉部、胸腹部及臀部鲜黄色，主要区别为头部颜色斑纹不同。

生境特点　栖息于较开阔的湖泊、鱼塘、农田、河流。

环境指示　★★★

热点区域　白马湖国家湿地公园、洪泽湖东部湿地省级自然保护区、古淮河国家湿地公园、淮安森林公园、二河沿线等。

观察记录

树鹨（shù liù）*Anthus hodgsoni*

保护级别　IUCN　LC（无危）

形态特征　雌雄相似。体长 15～17 cm。头顶及背部橄榄绿色，有不明显的黑褐色细纵纹，白色眉纹较粗，喉及胸腹部偏白，胸部及两胁有浓密的黑色纵纹。

生境特点　栖息于丘陵、平原地区的森林、农田和城市公园。

环境指示　★★★

热点区域　白马湖国家湿地公园、淮河入江水道沿线、铁山寺国家森林公园等。

观察记录

黄腹鹨（huáng fù liù）*Anthus rubescens*

保护级别 IUCN LC（无危）

形态特征 雌雄相似。体长 14～17 cm。繁殖期头顶及背部偏灰色，有不明显的黑褐色细纵纹，眼后有短粗皮黄色眉纹，喉及胸腹部皮黄色，颈侧有三角形灰色斑，胸部及两胁纵纹较稀疏，非繁殖期头顶及背部灰褐色，喉及胸腹部白色，颈侧有明显三角形黑斑，胸部及两胁有浓密黑色纵纹。

生境特点 栖息于较开阔的湖泊、池塘、河流等湿地环境。

环境指示 ★★★

热点区域 白马湖国家湿地公园、洪泽湖东部湿地省级自然保护区、黄河故道沿线等。

观察记录

水鹨（shuǐ liù）*Anthus spinoletta*

保护级别　IUCN　LC（无危）

形态特征　雌雄相似。体长 15～17 cm。繁殖期头顶及背部灰褐色，有模糊深色纵纹，眉纹在眼皮黄色先也较清晰，喉及胸腹部皮黄色而略带粉色，两胁有稀疏的纵纹，非繁殖期眉纹偏白而背部偏灰，喉及胸腹部白色，颈侧有三角形深灰色斑，胸部及两胁的深灰色纵纹稀疏且较细。

生境特点　栖息于较开阔的湖泊、池塘、河流。

环境指示　★★★

热点区域　白马湖国家湿地公园、洪泽湖东部湿地省级自然保护区等。

观察记录

黄雀（huáng què）*Spinus spinus*

保护级别　IUCN　LC（无危）

形态特征　雌雄相似。体长 11～12 cm。嘴短而尖细，尾羽略分叉，雄鸟头顶黑色，脸颊、背部及胸腹部黄色，两翼有黑色斑纹，两胁有黑色纵纹，雌鸟全身多纵纹，颜色较暗，胸部及背部沾淡黄色。

生境特点　栖息于丘陵、平原地区的森林和灌丛，也出现于城市公园人工林地。

环境指示　★★★

热点区域　白马湖国家湿地公园、阳光湖公园、二河沿线等。

观察记录

黑头蜡嘴雀（hēi tóu là zuǐ què）*Eophona personata*

保护级别　IUCN　LC（无危）

形态特征　雌雄相似。体长 18～22 cm。嘴很粗壮，头顶至眼先、两翼及尾羽黑色，带墨蓝色光泽，翼上有小白斑，其余以青灰色为主，腹部偏白。

生境特点　栖息于丘陵、平原地区各种类型的森林，也出现于城市公园。

环境指示　★★★

热点区域　白马湖国家湿地公园、洪泽湖东部湿地省级自然保护区等。

观察记录

画眉（huà méi）*Garrulax canorus*

保护级别　IUCN　LC（近危）/国家Ⅱ级保护/省级保护

形态特征　雌雄相似。体长 21～24 cm。全身以棕褐色为主，头及胸部有深色细纵纹，眼周裸皮淡蓝色，眼圈白色且向后延伸形成细眉纹，下腹部淡蓝灰色。

生境特点　栖息于山地、丘陵地区较茂密的森林、灌丛、茶园。

环境指示　★★★★★

热点区域　白马湖国家湿地公园、洪泽湖东部湿地省级自然保护区、铁山寺国家森林公园等。

观察记录

田鹀（tián wú）*Emberiza rustica*

保护级别　IUCN　VU（易危）

形态特征　雌雄二型。体长 13～15 cm。雄鸟有短羽冠，繁殖期头顶及脸颊黑色，有白色眉纹和颊纹，背部栗红色较重，杂有黑色斑纹，腰部有栗红色鱼鳞状斑纹，喉及腹部白色，胸部及两肋有栗红色纵纹，非繁殖期和雌鸟相似，眉纹和颊纹偏白，雌鸟冠羽及脸颊偏深褐色，眉纹及颊纹皮黄色，黑色髭纹较重，其余和雄鸟相似。

生境特点　栖息于丘陵、平原地区较开阔的人工林、农田、湿地。

环境指示　★★★

热点区域　白马湖国家湿地公园、洪泽湖东部湿地省级自然保护区、二河沿线、淮河入江水道沿线、铁山寺国家森林公园等。

观察记录

三道眉草鹀（sān dào méi cǎo wú）*Emberiza ioides*

保护级别　IUCN　LC（无危）

形态特征　雌雄二型。体长 15～18 cm。雄鸟头顶栗红色，脸部为大块的白色、黑色和栗红色的图纹，喉和颈环偏灰白色，背部棕褐色，杂有黑色斑纹，胸腹部偏棕色，雌鸟和雄鸟相似，但整体颜色较浅，脸部无黑色，眼后棕褐色，胸腹部淡棕色。

生境特点　栖息于丘陵、平原地区的林缘地带、灌丛和农田。

环境指示　★★★

热点区域　白马湖国家湿地公园、洪泽湖东部湿地省级自然保护区、盱眙县天泉湖、黄河故道沿线等。

观察记录

黄胸鹀（huáng xiōng wú）*Emberiza aureola*

保护级别　IUCN　CR（极危）/国家Ⅰ级保护/省级保护

形态特征　雌雄相似。体长 14～16 cm。雄鸟脸及喉黑色，头顶及背部栗色，两翼有深色斑纹，肩部有大块白斑和一道白色翼斑，鲜黄色的颈环和腹部间有一栗色胸带，雌鸟头顶及背部棕褐色，杂有黑色纵纹，翅上有一道白色翼斑，眉纹、喉及胸腹部淡黄色，两胁有深色纵纹。

生境特点　栖息于平原地区较开阔的麦地、农田、芦苇丛和高草丛。

环境指示　★★★★★

热点区域　白马湖国家湿地公园、二河沿线等。

观察记录

苇鹀（wěi wú）*Emberiza pallasi*

保护级别　IUCN　LC（无危）

形态特征　雌雄相似。体长 13～15 cm。雄鸟繁殖期头及喉黑色，与白色的颊纹和颈环对比明显，背部有黑白相间的长条纹，肩羽灰色，胸腹部偏白，非繁殖期头部偏褐色，有淡皮黄色眉纹，背部为褐色和黑色长条纹，雌鸟和非繁殖期雄鸟相似。

生境特点　栖息于平原沼泽及溪流旁的柳丛和芦苇及丘陵和平原的灌丛。

环境指示　★★★

热点区域　白马湖国家湿地公园、淮河入江水道沿线等。

观察记录

参考文献

[1] 马敬能，卡伦·菲利普斯，何芬奇. 中国鸟类野外手册［M］. 长沙：湖南教育出版社，2000.

[2] 刘阳，陈水华. 中国鸟类观察手册［M］. 长沙：湖南科学技术出版社，2021.

[3] 江苏省生物多样性红色名录（第一批），江苏省生态环境厅，2022.

[4] 江苏省生态环境质量指示物种清单（第一批），江苏省生态环境厅，2022.

[5] 郑光美. 中国鸟类分类与分布名录（第四版）［M］. 北京：科学出版社，2023.

[6] 中国观鸟记录中心，昆明市朱雀鸟类研究所.

[7] 淮安市生物多样性本底调查物种名录. 淮安市生态环境局，2022.

鸟类生僻字注音

鸳 yuān
鸯 yāng
如：鸳鸯

凫 fú
如：棉凫

鹳 guàn
如：东方白鹳

鳽 jiān
如：黄苇鳽

鹗 è
如：鹗

鸢 yuān
如：黑鸢

䴙 pì
䴘 tī
如：小䴙䴘

鹞 yào
如：白尾鹞

鵟 kuáng
如：普通鵟

鹬 yù
如：青脚鹬

鸻 héng
如：环颈鸻

鸮 xiāo
如：红角鸮

鸬 lú
鹚 cí
如：普通鸬鹚

鬣 liè
如：蚁鴷

鸫 dōng
如：乌鸫

鹎 bēi
如：白头鹎

鹪 jiāo
如：纯色山鹪莺

鹛 méi
如：黑脸噪鹛

鹡 jí
鸰 líng
如：白鹡鸰

椋 liáng
如：丝光椋鸟

鹟 wēng
如：北灰鹟

鸲 qú
如：北红尾鸲

鹨 liù
如：树鹨

鹀 wú
如：灰头鹀

中文名索引

拉丁名索引

附录：

淮安市生态环境质量指示鸟类名录（100种）

目	科	中文名（C）	拉丁名	江苏省保护级别	国家保护级别	IUCN级别	环境指示
雁形目	鸭科	鸿雁	*Anser cygnoid*	是	Ⅱ级	VU	★★★★
		白额雁	*Anser albifrons*	是	Ⅱ级	LC	★★★★
		小天鹅	*Cygnus columbianus*	是	Ⅱ级	LC	★★★★
		大天鹅	*Cygnus cygnus*	是	Ⅱ级	LC	★★★★
		赤麻鸭	*Tadorna ferruginea*			LC	★★★
		鸳鸯	*Aix galericulata*	是	Ⅱ级	LC	★★★★
		棉凫	*Nettapus coromandelianus*	是	Ⅱ级	LC	★★★★
		花脸鸭	*Sibirionetta formosa*	是	Ⅱ级	LC	★★★★
		白眉鸭	*Spatula querquedula*			LC	★★★
		琵嘴鸭	*Spatula clypeata*			LC	★★★

（续表）

目	科	中文名（C）	拉丁名	江苏省保护级别	国家保护级别	IUCN级别	环境指示
		赤膀鸭	*Mareca strepera*			LC	★★★
		罗纹鸭	*Mareca falcata*			NT	★★★
		针尾鸭	*Anas acuta*			LC	★★★
		绿翅鸭	*Anas crecca*			LC	★★★
		红头潜鸭	*Aythya ferina*			VU	★★★
		青头潜鸭	*Aythya baeri*	是	Ⅰ级	CR	★★★★★
		白眼潜鸭	*Aythya nyroca*			NT	★★★
		凤头潜鸭	*Aythya fuligula*			LC	★★★
		斑头秋沙鸭	*Mergellus albellus*	是	Ⅱ级	LC	★★★★
䴙䴘目	䴙䴘科	凤头䴙䴘	*Podiceps cristatus*			LC	★★★
鹳形目	鹳科	东方白鹳	*Ciconia boyciana*	是	Ⅰ级	EN	★★★★★
	鹮科	白琵鹭	*Platalea leucorodia*	是	Ⅱ级	LC	★★★★
鹈形目	鹭科	黄嘴白鹭	*Egretta eulophotes*	是	Ⅰ级	VU	★★★★★
		牛背鹭	*Bubulcus ibis*			NT	★★★
		中白鹭	*Ardea intermedia*			LC	★★★

（续表）

目	科	中文名（C）	拉丁名	江苏省保护级别	国家保护级别	IUCN级别	环境指示
		大白鹭	*Ardea alba*			LC	★★★
		草鹭	*Ardea purpurea*			LC	★★★
		绿鹭	*Butorides striata*			LC	★★★
		黄斑苇鳽	*Ixobrychus sinensis*			LC	★★★
鲣鸟目	鸬鹚科	普通鸬鹚	*Phalacrocorax carbo*			LC	★★★
鹰形目	鹗科	鹗	*Pandion haliaetus*	是	Ⅱ级	LC	★★★★
	鹰科	黑翅鸢	*Elanus caeruleus*	是	Ⅱ级	LC	★★★★
		黑冠鹃隼	*Aviceda leuphotes*	是	Ⅱ级	LC	★★★★
		凤头鹰	*Accipiter trivirgatus*	是	Ⅱ级	LC	★★★★
		赤腹鹰	*Accipiter soloensis*	是	Ⅱ级	LC	★★★★
		日本松雀鹰	*Accipiter gularis*	是	Ⅱ级	*LC*	★★★★
		雀鹰	Accipiter nisus	是	Ⅱ级	*LC*	★★★★
		苍鹰	Accipiter gentilis	是	Ⅱ级	*LC*	★★★★
		凤头蜂鹰	Pernis ptilorhynchus	是	Ⅱ级	*LC*	★★★★
		灰脸鵟鹰	Butastur indicus	是	Ⅱ级	*LC*	★★★★

（续表）

目	科	中文名（C）	拉丁名	江苏省保护级别	国家保护级别	IUCN级别	环境指示
		白尾鹞	Circus cyaneus	是	Ⅱ级	*LC*	★★★★
		普通鵟	Buteo japonicus	是	Ⅱ级	*LC*	★★★★
隼形目	隼科	红隼	Falco tinnunculus	是	Ⅱ级	*LC*	★★★★
		红脚隼	Falco amurensis	是	Ⅱ级	*LC*	★★★★
		燕隼	Falco subbuteo	是	Ⅱ级	*LC*	★★★★
		游隼	Falco peregrinus	是	Ⅱ级	*LC*	★★★★
鹤形目	秧鸡科	白骨顶	Fulica atra			*LC*	★★★
	鹤科	灰鹤	Grus grus	是	Ⅱ级	*LC*	★★★
鸻形目	水雉科	水雉	Hydrophasianus chirurgus	是	Ⅱ级	*LC*	★★★★
	鸻科	凤头麦鸡	Vanellus vanellus			*NT*	★★★
		金鸻	Pluvialis fulva			*LC*	★★★
		金眶鸻	Charadrius dubius			*LC*	★★★
	反嘴鹬科	黑翅长脚鹬	Himantopus himantopus			*LC*	★★★
		反嘴鹬	Recurvirostra avosetta			*LC*	★★★
	鹬科	鹤鹬	Tringa erythropus			*LC*	★★★

（续表）

目	科	中文名（C）	拉丁名	江苏省保护级别	国家保护级别	IUCN级别	环境指示
		青脚鹬	Tringa nebularia			*LC*	★★★
		尖尾滨鹬	Calidris acuminata			*LC*	★★★
		半蹼鹬	Limnodromus semipalmatus	是	Ⅱ级	*NT*	★★★★
		扇尾沙锥	Gallinago gallinago			*LC*	★★★
	燕鸻科	普通燕鸻	Glareola maldivarum			*LC*	★★★
	鸥科	西伯利亚银鸥	Larus vegae			*LC*	★★★
鸽形目	鸠鸽科	火斑鸠	Streptopelia tranquebarica			*LC*	★★★
鹃形目	杜鹃科	小鸦鹃	Centropus bengalensis	是	Ⅱ级	*LC*	★★★★
鸮形目	鸱鸮科	领角鸮	Otus lettia	是	Ⅱ级	*LC*	★★★★
		红角鸮	Otus sunia	是	Ⅱ	*LC*	★★★★
		长耳鸮	Asio otus	是	Ⅱ级	*LC*	★★★★
		短耳鸮	Asio flammeus	是	Ⅱ级	*LC*	★★★★
		纵纹腹小鸮	Athene noctua	是	Ⅱ级	*LC*	★★★★
佛法僧目	翠鸟科	斑鱼狗	Ceryle rudis			*LC*	★★★
	佛法僧科	三宝鸟	Eurystomus orientalis			*LC*	★★★

（续表）

目	科	中文名（C）	拉丁名	江苏省保护级别	国家保护级别	IUCN级别	环境指示
雀形目	山椒鸟科	小灰山椒鸟	Pericrocotus cantonensis			*LC*	★★★
		灰山椒鸟	Pericrocotus divaricatus			*LC*	★★★
	伯劳科	红尾伯劳	Lanius cristatus			*LC*	★★★
	卷尾科	灰卷尾	Dicrurus leucophaeus			*LC*	★★★
	山雀科	黄腹山雀	Parus venustulus			*LC*	★★★
	攀雀科	中华攀雀	Remiz consobrinus			*LC*	★★★
	扇尾莺科	棕扇尾莺	Cisticola juncidis			*LC*	★★★
	鸦雀科	震旦鸦雀	Paradoxornis heudei	是	Ⅱ级	*NT*	★★★★
	鹟科	灰纹鹟	Muscicapa griseisticta			*LC*	★★★
		乌鹟	Muscicapa sibirica			*LC*	★★★
		北灰鹟	Muscicapa dauurica			*LC*	★★★
		白眉姬鹟	Ficedula zanthopygia			*LC*	★★★
		鸲姬鹟	Ficedula mugimaki			*LC*	★★★
		红喉姬鹟	Ficedula albicilla			*LC*	★★★
	鸫科	灰背鸫	Turdus hortulorum			*LC*	★★★

（续表）

目	科	中文名（C）	拉丁名	江苏省保护级别	国家保护级别	IUCN级别	环境指示
		白腹鸫	Turdus pallidus			*LC*	★★★
		斑鸫	Turdus eunomus			*LC*	★★★
	椋鸟科	黑领椋鸟	Gracupica nigricollis			*LC*	★★★
	鹡鸰科	灰鹡鸰	Motacilla cinerea			*LC*	★★★
		黄鹡鸰	Motacilla tschutschensis			*LC*	★★★
		树鹨	Anthus hodgsoni			*LC*	★★★
		黄腹鹨	Anthus rubescens			*LC*	★★★
		水鹨	Anthus spinoletta			*LC*	★★★
	燕雀科	黄雀	Spinus spinus			*LC*	★★★
		黑头蜡嘴雀	Eophona personata			*LC*	★★★
	画眉科	画眉	Garrulax canorus	是	Ⅱ级	*LC*	★★★★★
	鹀科	田鹀	Emberiza rustica			*VU*	★★★
		三道眉草鹀	Emberiza ioides			*LC*	★★★
		黄胸鹀	Emberiza aureola	是	Ⅰ级	*CR*	★★★★★
		苇鹀	Emberiza pallasi			*LC*	★★★